T/CAGHPER 093—2024

# 目　次

前言 ··········································································································· Ⅲ
引言 ··········································································································· Ⅳ
1 范围 ········································································································· 1
2 规范性引用文件 ··························································································· 1
3 术语和定义 ································································································ 1
4 总体要求 ··································································································· 2
5 设计 ········································································································· 2
　5.1 一般规定 ······························································································· 2
　5.2 井孔设计 ······························································································· 3
　5.3 施工组织设计 ·························································································· 3
6 钻探施工 ··································································································· 3
　6.1 钻前准备 ······························································································· 3
　6.2 钻进 ····································································································· 4
　6.3 冲洗液 ·································································································· 4
7 成井材料 ··································································································· 4
　7.1 循环井成井管材 ······················································································· 4
　7.2 监测井成井管材 ······················································································· 4
　7.3 高膨胀黏土封隔材料 ················································································· 4
　7.4 井内单元封隔器 ······················································································· 4
8 成井工艺 ··································································································· 5
　8.1 多滤层循环井成井工艺 ·············································································· 5
　8.2 配套监测井成井工艺 ················································································· 6
9 解堵技术 ··································································································· 6
　9.1 堵塞类型 ······························································································· 6
　9.2 解堵方法 ······························································································· 7
　9.3 解堵效果评价 ·························································································· 8
10 资料归档 ·································································································· 8
附录 A(规范性附录) 多滤层循环井建设用表 ························································· 9

Ⅰ

# 前 言

本规程按照 GB/T 1.1—2020《标准化工作导则 第 1 部分：标准化文件的结构和起草规则》的规定起草。

本规程附录 A 为规范性附录。

本规程由中国地质灾害防治与生态修复协会提出并归口管理。

本规程起草单位：中国地质调查局水文地质环境地质调查中心、成都理工大学、中煤科工西安研究院(集团)有限公司、长安大学。

本规程主要起草人：解伟、王明明、冯建月、刘雪松、张怀胜、李铁锋、蒲生彦、李小杰、田东庄、董萌萌、张在勇、田宏杰、赵艳、李运鹏、李惠洁。

本规程由中国地质灾害防治与生态修复协会负责解释。

# 引 言

多滤层循环井作为地下水污染原位修复技术手段,其建造质量与解堵技术直接影响污染物原位修复效果。

国外循环井原位修复技术研究水平较高。我国也开展了地下水污染原位修复相关研究,在循环井设计、钻探施工、成井材料、成井工艺以及解堵技术等方面已经取得了一批科研成果。

目前,我国在多滤层循环井及配套监测井的设计、施工、成井材料、成井工艺及解堵技术等方面没有统一的标准,为规范多滤层循环井及配套监测井的设计、施工流程等工艺,提高循环井建井质量和原位修复效果,制定本技术规程。

本技术规程可指导多滤层循环井及配套监测井建井和解堵施工,推动我国多滤层循环井技术的发展和应用。

# 多滤层循环井成井与解堵技术规程(试行)

## 1 范围

本规程规定了多滤层循环井及配套监测井的设计、钻探施工、成井材料、成井工艺、解堵技术与资料归档等技术要求。

本规程适用于地下水多滤层循环井及配套监测井的设计、施工与管理。

## 2 规范性引用文件

下列文件中的内容通过文中的规范性引用而构成本规程必不可少的条款。其中,凡是注日期的引用文件,仅所注日期对应的版本适用于本文件;凡是不注日期的引用文件,其最新版本(包括所有的修改单)适用于本规程。

GB/T 13663.1　给水用聚乙烯(PE)管道系统　第1部分:总则
GB 50027　供水水文地质勘察规范
CJJ/T 13　供水水文地质钻探与管井施工操作规程
DZ/T 0064.2　地下水质分析方法　第2部分:水样的采集和保存
DZ/T 0148　水文水井地质钻探规程
DZ/T 0273　地质资料汇交规范

## 3 术语和定义

下列术语和定义适用于本规程。

### 3.1
**多滤层循环井 multi-filter groundwater circulation well**

利用分层成井技术形成多个交互的过滤层与封隔层,通过对多个过滤层实施抽水和注水,产生地下水循环的井孔。

### 3.2
**清淤管 dredging tube**

安装在井管外侧并与沉淀管连为一体的用于清除循环井运行过程中产生的沉淀物的管材。

### 3.3
**封隔装置 packing device**

封隔循环井中抽水管或注水管与井壁环形空间的密封材料或器具。

### 3.4
**高膨胀黏土封隔材料 high-expansion clay sealing material**

以钙基或钠基膨润土为主要原料特制成型,用于封隔含水层的高膨胀性材料。

T/CAGHPER 093—2024

## 3.5
**解堵技术 resolving occlusion technology**

循环井运行过程中出现堵塞时，运用物理、化学等手段对堵塞的多滤层循环井进行技术处理，使其恢复正常循环功能的技术。

## 4 总体要求

4.1 多滤层循环井及配套监测井设计前，应充分收集现有资料并进行场地调查，分析掌握场地及其周边水文地质条件、土壤和地下水污染特征、地下水开发利用等情况。

4.2 多滤层循环井及配套监测井宜采用一径到底成井结构。

4.3 多滤层循环井及配套监测井建设宜选用符合设计要求的设备、材料、钻进方法与成井工艺，确保循环井及配套监测井建井质量。

4.4 多滤层循环井井体结构和建设流程分别见图1和图2。

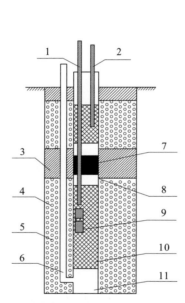

1.抽水管；2.注水管；3.止水层；4.含水层；5.滤料；6.清淤管；7.封隔装置；8.井壁管；9.抽水泵；10.滤水管；11.沉淀管

**图 1 多滤层循环井井体结构示意图**

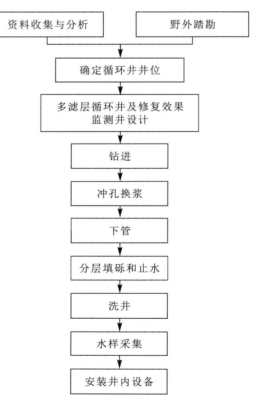

**图 2 多滤层循环井建设流程示意图**

## 5 设计

### 5.1 一般规定

5.1.1 多滤层循环井施工前应根据掌握的地质资料和原位修复目标编写井孔设计方案和施工组织设计方案，并按相关规定进行审批。

5.1.2 多滤层循环井施工过程中,若发现实际情况与设计不符而需要变更时,应及时按相关规定履行设计变更手续。

## 5.2 井孔设计

井孔设计应包括下列内容：
a) 多滤层循环井、监测井建设目的；
b) 土壤和地下水污染特征、地层岩性及水文地质结构；
c) 多滤层循环井结构、设计深度、孔径；
d) 钻进方法和钻探设备的选择；
e) 钻进技术参数；
f) 井管、滤料、止水材料及封孔材料的材质与规格；
g) 下管方法及要求；
h) 分层围填滤料的位置及围填方法；
i) 分层止水的位置、止水方法及止水效果检验；
j) 洗井设备、洗井方法及要求；
k) 多滤层循环井封隔装置参数设计；
l) 多滤层循环井抽注水参数设计；
m) 井内设备及仪器安装要求。

## 5.3 施工组织设计

5.3.1 基本情况：施工场地的地理位置、交通条件、气候、地形地貌、地质构造、地层岩性、水文地质条件、污染特征及生活条件。

5.3.2 施工目的与要求：包括循环井和监测井布置与工作量、工程质量指标、钻探采样要求等。

5.3.3 钻探技术设计：包括循环井及配套监测井井身结构、冲洗介质、成井工艺及质量保证措施。

5.3.4 供水、供电设计：根据现场踏勘情况,了解当地的水源条件,选择供水方法和设备；采用电力驱动时提出供电方法与要求。

5.3.5 主要设备、材料、人员：包括设备类型与数量,材料名称、规格与数量,人员分工与数量等。

5.3.6 施工期限与费用预算：施工进度计划、施工组织形式、工期要求,技术经济指标测算并编制费用预算。

5.3.7 安全与环保：施工与生活场地安全措施、冬季雨季施工应对方案、环保与绿色勘查措施等。

## 6 钻探施工

### 6.1 钻前准备

6.1.1 钻探设备进场前,应了解地面建筑物、道路、桥梁、坑塘、河流、高压电线等分布情况,进行地下管线、构筑物的调查或探测,做到"三通一平",确保施工安全。

6.1.2 钻机安装时应远离高压电线等危险因素,钻塔与高压电线之间的安全距离应符合《供水水文地质钻探与管井施工操作规程》(CJJ/T 13)的规定。

6.1.3 钻探设备应配套齐全、性能可靠,个人防护和安全设施齐全。

6.1.4 钻探设备安装完成后,应进行技术交底和安全交底,交底应详尽、有针对性,如有疑问及时解答,参加人员签字并留存记录。

6.1.5 准备钻进、成井、洗井、验收等表格。钻进记录表应符合《水文水井地质钻探规程》(DZ/T 0148)的规定,其他表格参照本规程附录A执行。

## 6.2 钻进

6.2.1 宜采用全面钻进工艺。

6.2.2 不稳定地层钻进时,应下井口保护管,井口保护管应垂直、牢固。

6.2.3 开孔应轻压慢转,严格按照防斜措施钻进。

6.2.4 按实际钻遇地层调整钻进方法和钻进参数。

6.2.5 钻进过程中,应进行机械设备、操作工序等安全检查,发现隐患及时处置。

## 6.3 冲洗液

6.3.1 稳定地层宜采用清水钻进,非稳定地层应使用细分散泥浆或不分散低固相冲洗液钻进。

6.3.2 冲洗液的选择、使用应满足环保要求,禁止使用污染水和有毒有害添加剂材料。

6.3.3 钻进过程中,应及时观察并记录冲洗液密度、黏度和漏失情况,保持孔口液面高度,防止井壁坍塌。

6.3.4 冲洗液的类型及配制应符合《水文水井地质钻探规程》(DZ/T 0148)的规定。

6.3.5 设置废旧冲洗液处理设施或废浆池,合理处置废旧冲洗液。

# 7 成井材料

## 7.1 循环井成井管材

7.1.1 循环井滤水管宜选用耐腐蚀、利于反冲洗、不易堵塞的"V"形缝隙结构不锈钢绕丝滤水管,滤水管骨架孔隙率应大于25%,也可采用PVC-U条缝式滤水管或PE条缝式滤水管。

7.1.2 循环井井壁管及清淤管可采用不锈钢管、PE管或者PVC-U塑料管。

## 7.2 监测井成井管材

7.2.1 监测井井管应采用无污染材质,宜选用PVC-U塑料管,其内径应不小于35 mm,壁厚不小于4 mm。

7.2.2 同一监测井滤水管材质应与井壁管材质相同,PVC-U滤水管孔隙率应符合《供水水文地质勘察规范》(GB 50027)的规定。

## 7.3 高膨胀黏土封隔材料

7.3.1 高膨胀黏土封隔材料应具有良好的隔水性能,可满足长期使用的要求。

7.3.2 高膨胀黏土封隔材料应具有稳定的物理、化学性能,无有毒有害物质,不影响地下水水质。

7.3.3 高膨胀黏土封隔材料水化时间应大于30 min,膨胀率大于200%。

## 7.4 井内单元封隔器

7.4.1 井内单元封隔器主要分为扩张式封隔器和自膨胀封隔器。一般情况下,扩张式封隔器作为临时性封隔器,自膨胀封隔器作为永久性封隔器。

7.4.2 选用扩张式封隔器进行管内封隔，启封介质宜选择液体或惰性气体，膨胀系数宜控制在1.2~1.4。

7.4.3 自膨胀封隔器以遇水膨胀橡胶为原材料，应无毒、无味、抗腐蚀，溶于水中的有害物质含量应符合《给水用聚乙烯(PE)管道系统 第1部分：总则》(GB/T 13663.1)的规定。封隔器外径规格应小于井管内径20 mm~30 mm。

## 8 成井工艺

### 8.1 多滤层循环井成井工艺

#### 8.1.1 冲孔、换浆

先将冲孔钻具下放到孔底，大泵量冲孔排渣。待孔底岩渣排除后，应采用低密度冲洗液逐步替换孔内冲洗液，将冲洗液黏度降低至20 s，密度小于1.15 g/cm³。冲孔换浆后，孔底沉渣厚度宜小于0.5 m。

#### 8.1.2 下管

8.1.2.1 下管前应进行排管设计。
8.1.2.2 宜采用提吊下管法。
8.1.2.3 下管时应安装井管扶正器，保持井管处于钻孔中心。
8.1.2.4 清淤管应与沉淀管下部连通，两管间隙不小于20 mm。
8.1.2.5 下管速度应均匀，若下管中途遇阻，应上下提动或转动井管，若效果不明显，应提出井管，清除孔内障碍后再行下管。

#### 8.1.3 分层围填滤料

8.1.3.1 宜使用粒径均匀、表面光滑、化学性质稳定的滤料。
8.1.3.2 滤料运输和存储时应防止外部杂质混入，避免污染。
8.1.3.3 滤料使用前应采用清水进行冲洗。
8.1.3.4 滤料规格应符合《供水水文地质勘察规范》(GB 50027)的规定，填砾厚度应不小于150 mm。
8.1.3.5 宜采用静水填料法或动水填料法围填滤料。
8.1.3.6 围填滤料时，应从井管周围均匀填入，不应单一方位填入。
8.1.3.7 围填滤料过程中，应记录滤料的用量，随时测量填料面位置。

#### 8.1.4 分层止水

8.1.4.1 多滤层循环井的止水层段进行永久性止水时，宜采用不影响地下水水质的高膨胀黏土球止水。
8.1.4.2 止水层段厚度一般不小于2 m。
8.1.4.3 围填止水材料前，应准确计算单层止水材料用量。
8.1.4.4 围填滤料时，应从井管周围均匀填入，不应单一方位填入。
8.1.4.5 围填过程中，实时测量止水材料高度，若发现堵塞，采取措施排除后再进行围填。

8.1.4.6 止水工作完成后,一般等待 24 h,待止水材料充分水化膨胀后再洗井。

8.1.4.7 可采用管内外水位差法或压力法检验止水效果。

### 8.1.5 洗井

8.1.5.1 宜使用活塞洗井法、潜水泵振荡洗井法或空压机振荡洗井法进行洗井并清淤。

8.1.5.2 洗井过程中,应观测并记录出水的浑浊度、含砂量、出水量、水温、电导率等,并填写记录表。

8.1.5.3 洗井过程中应观测滤料顶面的变化,发现滤料下沉要及时补填滤料。

8.1.5.4 洗井完成后宜采用黏土或水泥封闭环空间隙。

### 8.1.6 采样

在洗井结束时采集水质分析样。水样采集与保存应符合《地下水质分析方法 第 2 部分:水样的采集和保存》(DZ/T 0064.2)的规定。

## 8.2 配套监测井成井工艺

### 8.2.1 下管

8.2.1.1 孔壁与管壁的环空间隙应不小于 75 mm,下管时尽量保证井管位于孔中心。

8.2.1.2 在多层含水层组中,滤水管应安装在主要含水层部位。

8.2.1.3 沉淀管长度应不小于 1 m。

8.2.1.4 井管连接宜采用丝扣或插接方式,连接时不得使用有污染的润滑剂、黏接剂和涂料。

8.2.1.5 地面以上预留井管高度应在 0.3 m~0.5 m,便于井口保护。

### 8.2.2 填砾

8.2.2.1 宜选用磨圆度好的砂砾或石英砾料,下入前用水清洗。

8.2.2.2 根据含水介质粒度确定滤料粒径,应符合《供水水文地质勘察规范》(GB 50027)的规定。

8.2.2.3 填砾料时需连续并准确记录填砾量和测量滤料面位置,达到设计位置时完成填砾。

### 8.2.3 止水

8.2.3.1 监测井应进行永久性止水,止水材料宜选用优质黏土球或水泥等。

8.2.3.2 止水的隔水层(段)单层厚度不小于 2 m。

8.2.3.3 可采用水位压差或泵压法检验止水效果。

### 8.2.4 采样

根据采样目的和采样质量要求,选择合适的采样器具。水样采集和保存应符合《地下水质分析方法 第 2 部分:水样的采集和保存》(DZ/T 0064.2)的规定。

## 9 解堵技术

### 9.1 堵塞类型

9.1.1 建井前应采集修复场地岩土样品和地下水样品,建立岩土矿物组分与地下水初始状态水化学档案,确定水化学类型。

9.1.2 循环井抽注水量缩减超过20%或地下水循环影响半径缩减超过20%,可判断循环井发生堵塞。

9.1.3 循环井堵塞类型主要分为物理型、化学型、生物型和综合型,各类型的堵塞成因与特征见表1。

表1 各类型堵塞成因与特征

| 堵塞类型 | 成因 | 特征 |
| --- | --- | --- |
| 物理型 | 粒径较小的砂粒及黏土矿物颗粒在井周沉积,形成低渗带阻碍地下水流进滤水管 | 井周滤水层孔隙填充、变小 |
| 化学型 | 难溶盐物质晶体在滤水管内外生长沉积,形成无机垢 | 无机化学型:井壁滤水管内外侧沉积无机垢,滤水管周边地层颗粒被无机垢晶体包裹 |
| | 有机物形成油膜黏附在井壁管内外,导致进水通道受阻,产生堵塞 | 有机化学型:滤水管内部形成一层油膜,滤水管眼被淤堵或井壁存在油脂类物质 |
| 生物型 | 微生物的自身生命体及代谢产物形成生物膜,黏附在井壁,大大降低井体及含水介质渗透性 | 井壁形成明显的菌斑,以及硫化铁、硫化铜、硫化锌等无机垢。井壁存在黄白色或者黄褐色菌斑或无机垢,滤水管眼被淤堵 |
| 综合型 | 地层水化学条件和岩层岩性存在物理堵塞、化学堵塞和生物堵塞共生的条件 | 上述特征的综合 |

## 9.2 解堵方法

常用的解堵方法包括物理解堵法、化学解堵法等。其中,物理解堵法主要包括高压清洗法、热脱附法和井壁刷洗法等;化学解堵法主要为酸化溶解法等。

### 9.2.1 高压清洗法

9.2.1.1 高压清洗法适用于物理型堵塞,可作为其他解堵方法的后续处理措施。

9.2.1.2 高压清洗法包括高压喷射法和空压机振荡清洗法。

9.2.1.3 进行高压喷射作业时,喷头下入位置应与滤水管位置相对应,通过下上移动和旋转喷头方式清洗堵塞位置。

9.2.1.4 进行空压机振荡清洗作业时,混合器下入位置应由风管浸没比确定。

### 9.2.2 热脱附法

9.2.2.1 热脱附法适用于有机化学型堵塞。

9.2.2.2 加热棒功率宜不低于3000 W,加热棒位置宜置于滤水管底部30 cm处,井内水温达到60 ℃且宜保持0.5 h。

9.2.2.3 加热过程可重复2～3次,至井水无明显油状漂浮物,井壁无明显菌斑时方可结束。

#### 9.2.3 井壁刷洗法

9.2.3.1 井壁刷洗法适用于物理型、无机化学型和生物型堵塞。

9.2.3.2 井壁刷应与刷杆牢固连接，直径宜大于需要清理的滤水管内径 10 mm～20 mm。

9.2.3.3 钢质滤水管宜使用软毛钢丝刷，PVC 等非金属滤水管宜使用尼龙刷。

9.2.3.4 通过下上移动和旋转刷头方式清洗堵塞位置，宜自下而上刷洗 5 次～10 次。

#### 9.2.4 酸化溶解法

9.2.4.1 酸化溶解法适用于无机化学型和生物型堵塞。

9.2.4.2 宜采用 1 mol/L 的醋酸溶液，采用 PVC 管将酸液缓慢注入到滤水管堵塞处。

9.2.4.3 酸化反应时间一般持续 2 h～4 h。

### 9.3 解堵效果评价

解堵完成后，若地下水循环影响半径恢复到堵塞前的 90% 以上，则判定循环井解堵破阻达到效果。

## 10 资料归档

10.1 归档资料包括（但不限于）：井孔设计、原始记录、成果资料、相关图件、竣工报告的纸介质和电子版资料。

10.2 应按照《地质资料汇交规范》(DZ/T 0273) 的规定进行资料归档。

# 附 录 A
（规范性附录）
多滤层循环井建设用表

## A.1 多滤层循环井管安装记录表

钻孔编号：　　　　　　　　　　　　钻孔坐标：
井管直径：　　　　　　　　　　　　井管材质：

| 序号 | 井管安装位置/m | | 井管类型 | 成井结构简图 |
|---|---|---|---|---|
| | 自 | 至 | | |
| | | | | |
| | | | | |
| | | | | |
| | | | | |
| | | | | |
| | | | | |
| | | | | |
| | | | | |
| | | | | |
| | | | | |
| | | | | |
| | | | | |
| | | | | |
| | | | | |
| | | | | |
| | | | | |
| | | | | |
| | | | | |
| | | | | |
| | | | | |
| | | | | |
| | | | | |

记录：　　　　　　校对：　　　　　　审核：　　　　　　日期：

T/CAGHPER 093—2024

**A.2 多滤层循环井填砾记录表**

钻孔编号：

| 序号 | 填砾起止深度/m | | 填砾高度/ m | 填砾厚度/ mm | 砾料规格/ mm | 砾料用量/ m³ | 砾料用量 | 填砾方法 |
|---|---|---|---|---|---|---|---|---|
| | 自 | 至 | | | | | | |
| | | | | | | | | |
| | | | | | | | | |
| | | | | | | | | |
| | | | | | | | | |
| | | | | | | | | |
| | | | | | | | | |
| | | | | | | | | |
| | | | | | | | | |
| | | | | | | | | |
| | | | | | | | | |
| | | | | | | | | |
| | | | | | | | | |
| | | | | | | | | |
| | | | | | | | | |
| | | | | | | | | |
| | | | | | | | | |
| | | | | | | | | |
| | | | | | | | | |
| | | | | | | | | |
| | | | | | | | | |

记录：　　　　　校对：　　　　　审核：　　　　　日期：

T/CAGHPER 093—2024

## A.3 多滤层循环井止水、封闭记录表

钻孔编号：

| 序号 | 止水(封闭)/m | | 止水(封闭)方法 | 止水(封闭)材料 | 检查方法 | 检查结果 |
|---|---|---|---|---|---|---|
| | 自 | 至 | | | | |
| | | | | | | |
| | | | | | | |
| | | | | | | |
| | | | | | | |
| | | | | | | |
| | | | | | | |
| | | | | | | |
| | | | | | | |
| | | | | | | |
| | | | | | | |
| | | | | | | |
| | | | | | | |
| | | | | | | |
| | | | | | | |
| | | | | | | |
| | | | | | | |
| | | | | | | |
| | | | | | | |

记录：　　　　　校对：　　　　　审核：　　　　　日期：

## A.4 多滤层循环井洗井记录表

钻孔编号：

| 序号 | 洗井段/m 自 | 洗井段/m 至 | 洗井方法 | 起止时间 | 洗井情况记录 | 洗井前孔深/m | 洗井后孔深/m |
|---|---|---|---|---|---|---|---|
|  |  |  |  |  |  |  |  |
|  |  |  |  |  |  |  |  |
|  |  |  |  |  |  |  |  |
|  |  |  |  |  |  |  |  |
|  |  |  |  |  |  |  |  |
|  |  |  |  |  |  |  |  |
|  |  |  |  |  |  |  |  |
|  |  |  |  |  |  |  |  |
|  |  |  |  |  |  |  |  |
|  |  |  |  |  |  |  |  |
|  |  |  |  |  |  |  |  |
|  |  |  |  |  |  |  |  |
|  |  |  |  |  |  |  |  |
|  |  |  |  |  |  |  |  |
|  |  |  |  |  |  |  |  |
|  |  |  |  |  |  |  |  |
|  |  |  |  |  |  |  |  |
|  |  |  |  |  |  |  |  |

记录：　　　　校对：　　　　审核：　　　　日期：